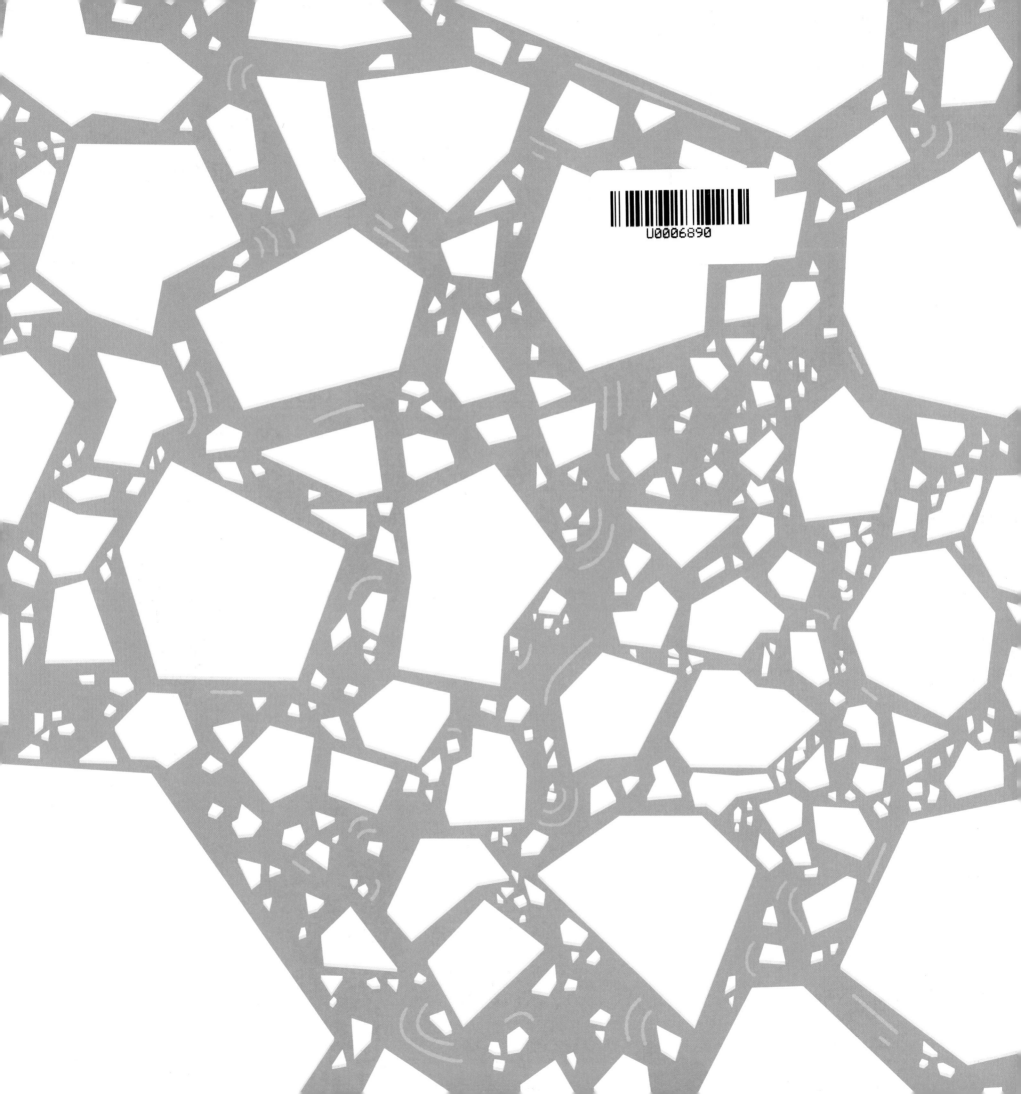

冰原巨獸

First published in the UK in 2018 by Big Picture Press,

an imprint of Kings Road Publishing, part of the Bonnier Publishing Group,

The Plaza, 535 King's Road, London, SW10 0SZ

www.bonnierpublishing.com

作／繪者：傑克‧泰特（Jack Tite）

譯者：謝靜雯

責任編輯：李宓

行銷企畫：陳詩韻

總編輯：賴淑玲

全書設計：陳宛昀

社長：郭重興

發行人兼出版總監：曾大福

出版者：大家出版

發行：遠足文化事業股份有限公司

231 新北市新店區民權路108-2號9樓

電話 (02) 2218-1417　傳真 (02) 8667-1851

劃撥帳號：19504465 戶名 遠足文化事業有限公司

法律顧問：華洋法律事務所 蘇文生律師

ISBN：978-957-9542-75-3

定價：680 元

初版一刷 2019 年 9 月

國家圖書館出版品預行編目（ＣＩＰ）資料

冰河巨獸 / 傑克.泰特(Jack Tite)作.繪；謝靜雯譯. --
初版. -- 新北市：大家出版：遠足文化發行, 2019.09
面； 公分
譯自：Mega meltdown
ISBN 978-957-9542-75-3(精裝)

1.古生物學 2.冰河 3.通俗作品

359　　　108009282

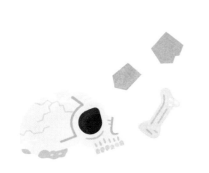
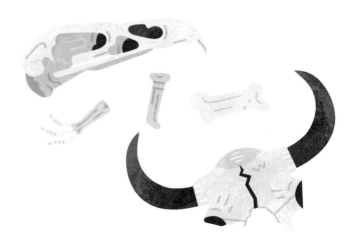

冰原巨獸

作／繪者：傑克‧泰特（Jack Tite）

譯者：謝靜雯

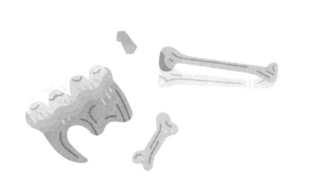

目錄

冰河時期

北

西　東

南

歐亞大陸
32

非洲
52

澳大拉西亞
42

冰河時期

260萬年前左右，我們的星球開始轉變。地球的溫度下降，海洋結凍，陸地上結出大片冰層，尤其在北方。接下來250萬年，冰河來來去去，出現多次冰河期。這段漫長的光陰就稱為更新世，或是「冰河時期」。當時在陸地上遊走、在海洋裡游泳和在天空中飛翔的生物非常巨大、怪異又奇妙。

大融冰

冰河時期之後的大融冰讓我們認識了這些動物。有些動物的骨骸變成了化石，也有些動物完完整整被困在冰塊裡，皮膚、毛皮和血液都保存下來，讓科學家對史前動物世界有了新的想像。

早期人類

人類的早期親戚大約出現在更新世初期，跟這本書裡的史前動物一起生活。雖然當時的生活條件很困難，他們還是適應了環境、存活下來，逐漸演化並擴散開來。1萬5千年前左右，最後幾條冰河開始融化，人們因此能夠挺進原本天寒地凍的遙遠北方。

冰層覆蓋大陸，海平面比較低

大部分的冰層已經融化，海平面比較高

陸地變化

當時有大量的水凍成了冰河和冰層，海平面於是下降，露出大陸之間的陸橋，像是連接北美洲和亞洲的通道。動物和人類都越過這些陸橋，來到新的土地。等到冰融化，海平面往上升，這些陸橋就再次被遮掩起來。

超大型動物

生活在冰河時期的超大型動物，就是更新世的大型獸群。在那個時候，河狸長得跟熊一樣大，巨大的地懶可以擊退劍齒虎，空中布滿巨鳥，龐大的猛獁象在陸地遊蕩。準備踏上史前地球之旅，和當時的生物面對面吧。

北美洲
NORTH AMERICA

短面熊

短面熊（*Arctodus*）是世界上出現過最大的熊。身高3.6公尺，是大人的2倍高，重量就像一輛小型車。這種熊不只身形巨大，動作也飛快，跑起來跟馬一樣，速度驚人，時速最高可達60公里。

這種冰河時期的巨獸跟許多現代的熊一樣，都是雜食動物，表示牠們吃動物也吃植物，不過肉類還是牠們的主食。短面熊的手腕有塊骨頭，讓牠們可以採摘、拔起植物，這點和吃竹莖、竹葉的貓熊類似。短面熊每天要吃16公斤左右的食物，相當於人類整個星期的食量。

一咬就碎

跟其他熊比起來，短面熊的吻部比較短，這表示牠的嘴巴很有力。我們可以由此推知，這種熊能夠用嘴巴咬碎骨頭，直達裡面的骨髓。這也讓科學家了解，短面熊常常搶腐肉來吃。

最近的血親

短面熊在1萬年前滅絕，可能是因為其他掠食者吃光了牠們的食物。而且，當時的人類也會獵殺這種動物，取得牠們的毛皮和肉。短面熊目前唯一還活著，且血緣最近的親戚，是住在南美洲的眼鏡熊。

強壯的熊

短面熊的四肢很長，適合快跑狩獵。不過，追逐獵物時，如果要轉換方向，牠們龐大的身軀就會變成負擔。短面熊巨大的身形使牠沒辦法快速轉彎，靈活的獵物因此能夠順利逃脫。搶食腐肉的時候，短面熊會用嚇人的身軀趕走其他掠食動物。

超大食量

畸鳥會用內勾的大嘴喙和長了銳利爪子的強健雙腿壓制獵物。畸鳥常吃囓齒類、蜥蜴和魚這種可以一口活活吞下的獵物。雖然這些鳥是狩獵好手，但只要有機會，牠們還是會用龐大的體型嚇走其他動物，搶奪腐肉。阿根廷巨鳥可以在一天內吃進多達10公斤的肉。

畸鳥

這種龐大無比的鳥科動物活在3千1百多萬到1萬年前。最大型的畸鳥展開雙翼時，寬度可達8公尺——是現今會飛鳥類的2倍。畸鳥共有6種，大小、重量和外型特徵各有不同。體重跟狼一樣重的阿根廷巨鳥是最大的畸鳥。科學家估計，阿根廷巨鳥能以240公里的驚人時速俯衝，比大多火車都還快！

長距離飛行者

畸鳥是飛行專家，不過起飛對牠們來說是個挑戰。單是牠翅膀骨骼和肌肉的重量，就足以讓鼓動翅膀變得非常吃力。因此，畸鳥可能要先助跑，然後跳起來，或是從高處往下直直一躍，才能順利起飛。

畸鳥住在北美洲和南美洲，牠們在山間築巢，並在廣大的平原上來回飛翔。一隻鳥的領地可以廣達500平方公里，將近是2個臺北市的大小。

寬達6公尺

阿根廷巨鳥翅膀張開的時候，寬達6公尺。

幼鳥

拿畸鳥和類似的現代鳥類相比，可以推知阿根廷巨鳥大約每2年會下1至2顆蛋。幼鳥經過60天的孵育就會破殼而出，並在16個月左右離巢，不過要到12歲才會完全長大。

一比之下，現代大型猛禽顯得非常嬌小，你可以從左邊這張按比例畫出的圖看出來。

阿根廷巨鳥

白頭海鵰

乳齒象

1705年，美國紐約附近的克拉弗拉克鎮上，有位農夫挖出了一個非比尋常的東西，那就是美洲乳齒象（*Mammut americanum*）的巨齒，重量跟小型犬一樣。這是史上頭一次發現乳齒象的遺骸。

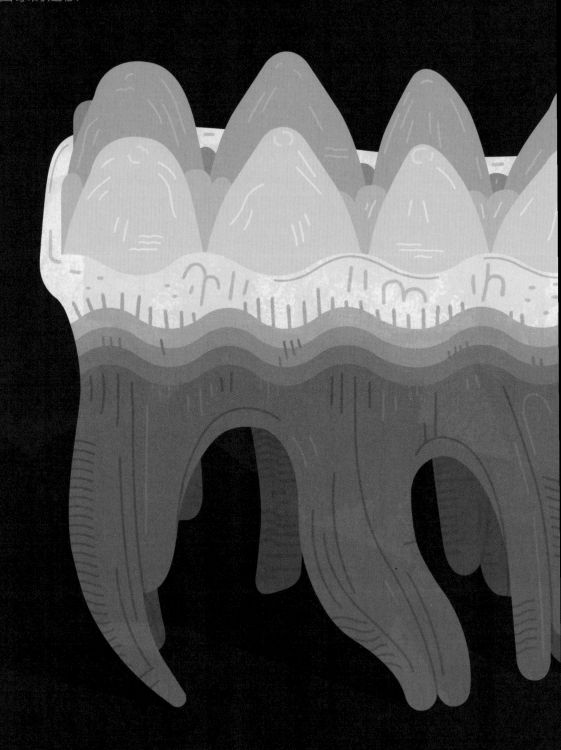

人們最初以為這顆白齒來自20公尺高的巨人
然後送往倫敦。當時沒人知道這到底是什麼
是他們將這種生物命名為「未知物種」。18

大乳齒象

乳齒象是現代大象的史前巨型親戚，最早出現在2千萬年前。乳齒象（*Mammut*）從腳到肩膀的高度可達3.5公尺，重量則是非洲象的2倍。

這些巨型生物通常被更出名的猛獁象（長毛象）搶走鋒頭。儘管外觀類似，牠們其實是截然不同的物種。

獨來獨往

乳齒象住在森林。科學家說，乳齒象就像現代的大象，母象和小象會組成一個個小家庭，成年公象則單獨生活。公象只會在一爭高下的時候聚集起來，展現牠們巨大的長牙，吸引母象注意。乳齒象跟英國的雙層公車差不多大，但牠們其實以樹枝和樹葉為食，並利用長牙去搆樹頂的食物。

惹上「毛」煩

乳齒象厚重的皮毛和強壯的身軀幫助牠們保暖，可是也吸引了掠食者。1萬年前左右，由於氣候變遷、人類過度捕獵，也許也因為一種叫做肺結核的疾病，乳齒象滅絕了。

巨河狸

巨河狸身長2.5公尺，重量跟貓熊一樣。牠們住在陸地上，也住在水裡。曾經有人在北美洲發現巨河狸的骨骸，而北美原住民波坎塔克族（Pocumtuc）的傳說裡也出現過這種齧齒動物。傳說，從前有一隻可怕的河狸住在湖裡，每次出現都是為了奪取當地居民的性命。族人祈禱這種恐怖情況能夠終結，最後有個神靈聽見了他們的祈求，和野獸交戰。神靈將河狸拋上天空，而河狸則化為石頭。

據說，河狸的腦袋變成了糖棒山（Sugarloaf Mountain），位於美國緬因州波坎塔克族居住的山區。

一口好牙

巨河狸（Castoroides）住在北美洲東南部的湖泊和林地。牠們通常會在水裡晒太陽、吃水生植物，用15公分長的門牙擊退掠食者。牠們在生態系裡的角色更像是河馬，而不是齧齒動物。

忙碌的河狸

現代河狸是築水壩的工作狂,以咬穿樹幹的能力聞名。他們會用細枝、石頭和枝椏來打造居所和擋水牆,不僅可以用來藏食物,也提供一個乾燥、隱密,具有保護功能的家。

巢穴

河狸寶寶

水壩牆壁

囤糧區

只要有水就行

出乎意料的是,科學家沒有找到巨河狸築水壩的證據。他們巨大的前齒太寬,無法啃樹。巨河狸的體型比現代親戚大上10倍,適應能力相當不錯,身影遍及北美洲許多地區,只要有水就可以生存。巨河狸普及了好一段時間,出現在許多傳說故事當中。可是在更新世結束的時候,巨河狸連同北美洲的其他大型獸群一起滅絕了。

巨河狸(右)和現代河狸(左)的頭骨,按比例畫成。

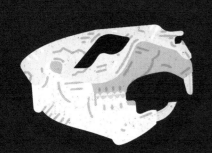

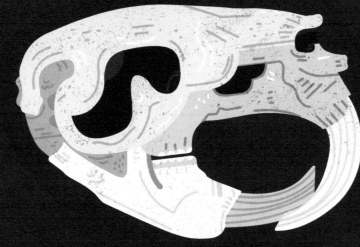

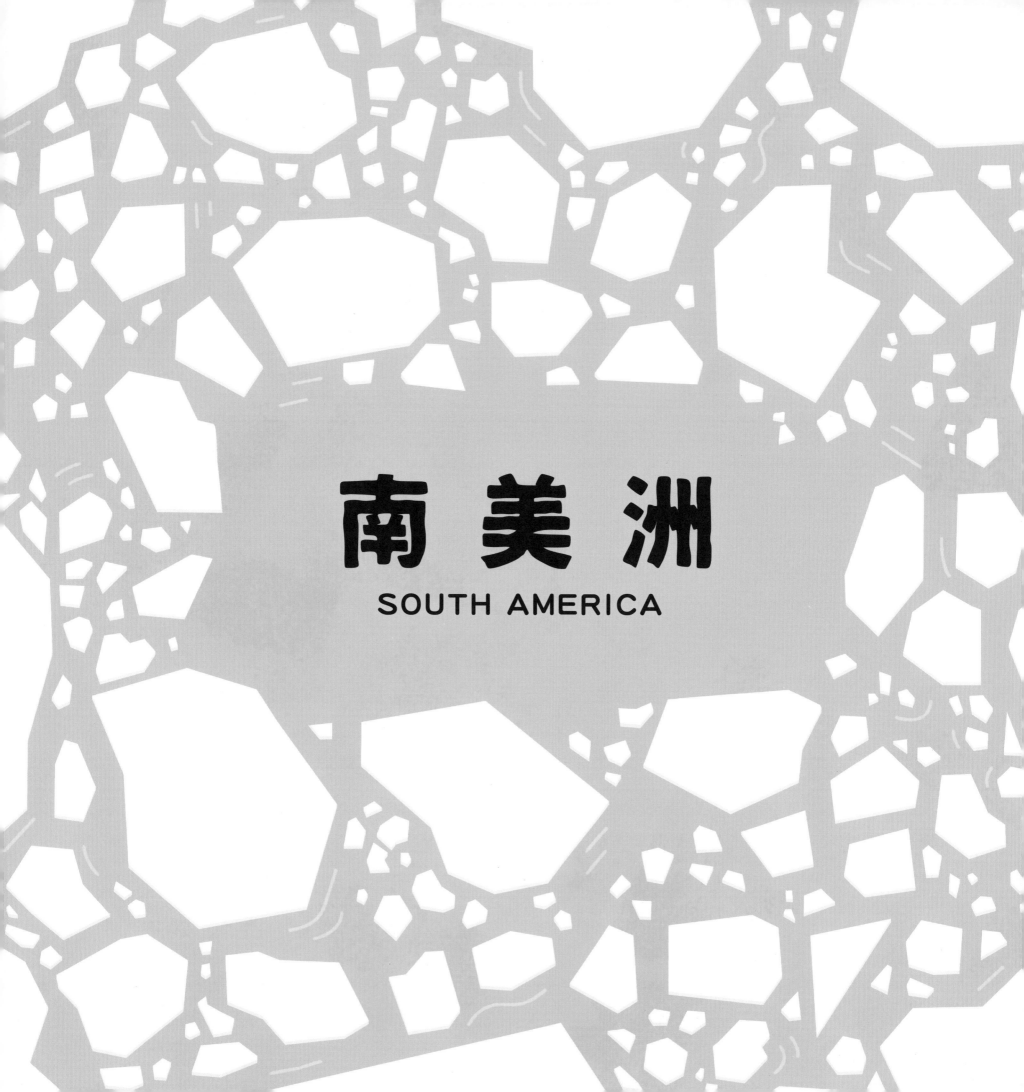

南美洲
SOUTH AMERICA

劍齒虎

劍齒虎（*Smilodon*）是最知名的一種史前動物。美洲各地一共住了3種劍齒虎：纖細劍齒虎（*Smilodon gracilis*）、致命劍齒虎（*Smilodon fatalis*）以及體型最大的南美洲毀滅劍齒虎（*Smilodpm populator*）。劍齒虎體型不比獅子大，但像熊一樣結實，體重可達400公斤，整整是獅子的2倍。有些科學家認為，這些貓科動物是群居動物，過著群聚的家庭生活，如同今日的獅子。

劍齒虎的嘴巴可以張到120度！

牙齒就是武器

這些食肉動物之所以這麼出名，是因為牠們巨大的犬齒可以長到18公分長，這使得劍齒虎必須把嘴巴張開到120度才能咬到東西。相較之下，獅子的嘴只能張到劍齒虎的一半大。咬合困難的劍齒虎是仰賴伏擊的掠食者。牠住在林地和平原，在掩護之下悄悄移動，直到獵物進入襲擊範圍。劍齒虎會用力氣和體型來制服獵物，施以致命的一咬，或是用短劍般的犬齒劃過獵物。不過，劍齒虎的犬齒意外地很容易折斷，而且不會長回來。

劍齒虎在美洲的獵物包括：

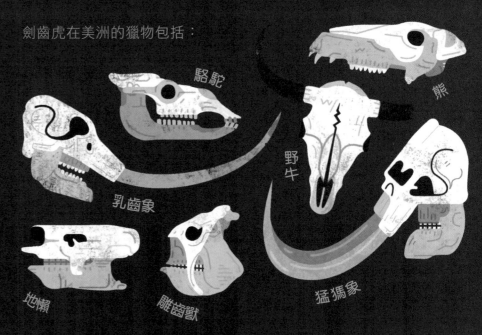

駱駝
熊
野牛
乳齒象
地懶
雕齒獸
猛獁象

巨犰狳

雕齒獸是體型最大的巨犰狳（讀作「求於」），大小和車子一樣。巨犰狳和現代犰狳是近親，可是在1萬年前，巨犰狳全都消失了。化石證據顯示，牠們在南美洲演化而成，最後冒著嚴寒進入北美，面對可怕的掠食者。雕齒獸非常多元，而且曾經很普遍，包含50多種，體型從小綿羊到福斯牌金龜車都有。

啃食地表植物和啃牧

較大型的雕齒獸會吃大量的草——這種行為叫做啃食地表植物（graze）；較小型的雕齒獸則吃植物的根和灌木——這種行為叫做啃牧（browse）。

堅硬的盔甲

雕齒獸的殼叫做「背甲」，由2千塊互相交錯的骨質小板構成，每種雕齒獸都有不同的圖案。雕齒獸的腦袋無法縮進背甲，可是頭頂有塊骨冠可以用來對撞。

良好的庇護所
雕齒獸在1萬年前左右滅絕。早期人類會獵殺這種動物，拿牠們的背甲當做抵擋嚴寒天氣的庇護所。

斑點或條紋？

沒人知道劍齒虎毛皮的模樣。科學家相信和獅子類似，不過，也可能是斑點、條紋或其他具有保護作用的花紋。

環境變遷

冰河時期的大半時間，劍齒虎都稱霸於北美洲和南美洲。可是到了1萬年前，3種劍齒虎全都滅絕了。隨著氣候變遷，林地變成開放的草原，劍齒虎很難再偷偷摸摸地狩獵。而劍齒虎賴以為生的大型獵物也滅絕了，再加上人類獵殺這些大貓，使得劍齒虎有了如今的命運。

多迪雕齒獸的棒狀尾巴

用尾巴攻擊

有好幾種雕齒獸都超過1千公斤重，可是最凶猛的應該是重達2千公斤的多迪雕齒獸。多迪雕齒獸有一根帶有致命尖刺的棒狀長尾。如果時間抓得準，尾巴一甩，力量足以擊破另一隻雕齒獸的背甲。雄性雕齒獸會為了爭搶雌獸而打鬥，使背甲受傷。多迪雕齒獸的尾巴在抵擋前來侵犯的掠食者時，也相當實用。

無情的爭鬥

「雕齒獸」這個名字的意思是「雕刻的牙齒」。雕齒獸住在水邊，有時靠水生植物填飽肚子。因此，在吸引雌獸時，很可能一不小心就摔進水裡！這種巨獸沒有棒狀尾巴，但會互撞來打鬥。受傷的雕齒獸要是被對手逼進水裡，可能虛弱到無法游泳，被身上沉重的背甲拖進水中而滅頂。

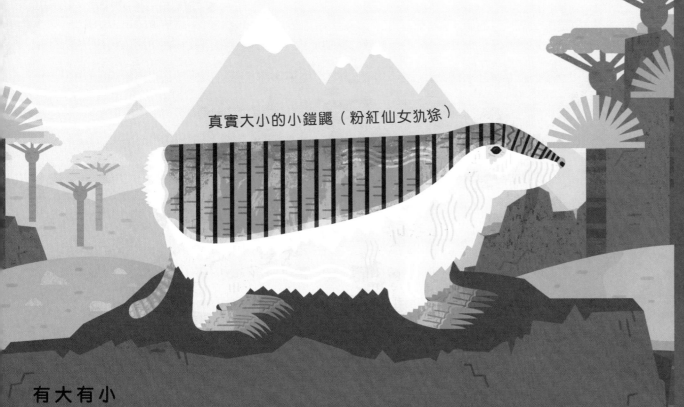

真實大小的小鎧鼴（粉紅仙女犰狳）

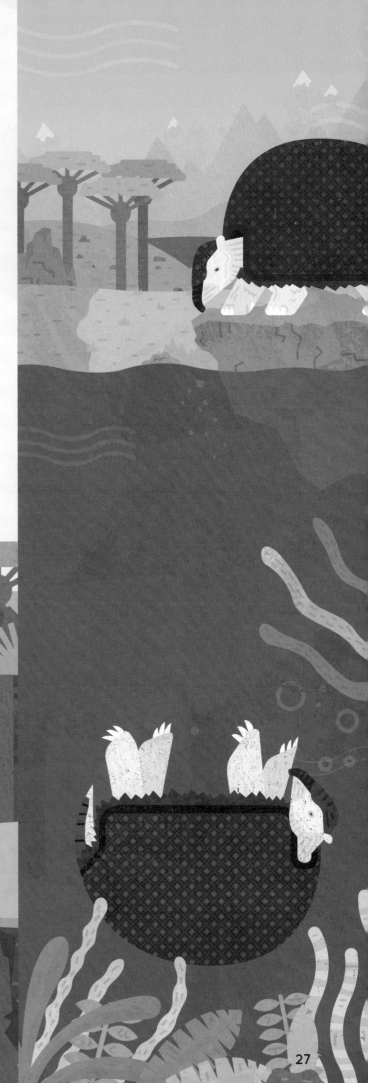

有大有小

小鎧鼴是體型最小的犰狳。信不信由你，這種住在沙漠的小生物是現存動物裡，和消失許久的巨犰狳關係最近的親戚。

長頸駝

這些模樣古怪的生物是絕種動物「滑距獸」的一員。長頸駝（*Macrauchenia*）身長大約3公尺，重達1噸——和美洲野牛一樣重！這種動物有許多奇怪的特徵：長鼻、像無峰駱駝一樣的身軀、又長又粗的腿，以及犀牛一般的腳，名列最大型的滑距獸之一。

快速跑道

冰河時期對南美洲的草食動物來說非常危險，可是長頸駝生性警覺、動作靈活快速。這些群居動物能夠高速奔跑、迅速轉換方向，用智慧騙過掠食者。要是那些方法都失敗了，長頸駝還有最後一招，那就是用強壯的後腿猛踢對方。

謎樣的鼻子

長頸駝頭部的特徵是長在頭頂的鼻孔。這點讓18世紀的科學家很困惑，他們以為長頸駝在水下生活，靠著頭頂的鼻子呼吸，就像潛水員用的水下呼吸管。現在的科學家則認為，長頸駝的鼻子是短的，避免灰塵竄進鼻子，也幫忙牠咬住葉子，不過這點還是頗受爭議。

雪上加霜

300萬年前左右，北美洲和南美洲的陸塊連了起來，有些動物從一片大陸移動到另一片大陸。這個現象叫做「南北美洲生物大遷徙」。凶惡的掠食者（狡猾的劍齒虎，還有耐力驚人的狼）從北方來到南方，以南美洲的草食生物為食，數量大幅增加。遺憾的是，科學家認為正因為如此，再加上氣候變化及人類捕獵，使得長頸駝在1萬年前左右滅絕。

長頸駝是雜食動物，在森林裡啃牧，也在草地上啃食地表植物。

地懶

冰河時期的地懶有很多種類。牠們在南美洲演化，然後擴散到北美洲。有些地懶挖地道的技術高超，有些身上覆蓋著鱗片，有些甚至是半水生的。大地懶（*Megatherium*）就是大家所知的巨型地懶，跟今日的懶種關係很近。美洲大地懶（*Megatherium americanum*）是體型最大的巨型地懶，身長可達6公尺，體重可達6千公斤——是北極熊的2倍大、6倍重。

多吃綠色植物

凡是能搆到手的植物，巨型地懶都吃。站直身子時，牠仰賴粗大的尾巴和強壯的後腿來保持平衡，就像三腳架一樣。巨型地懶身軀高大，還有長長的舌頭，這讓牠們能吃到高聳樹木上的食物。

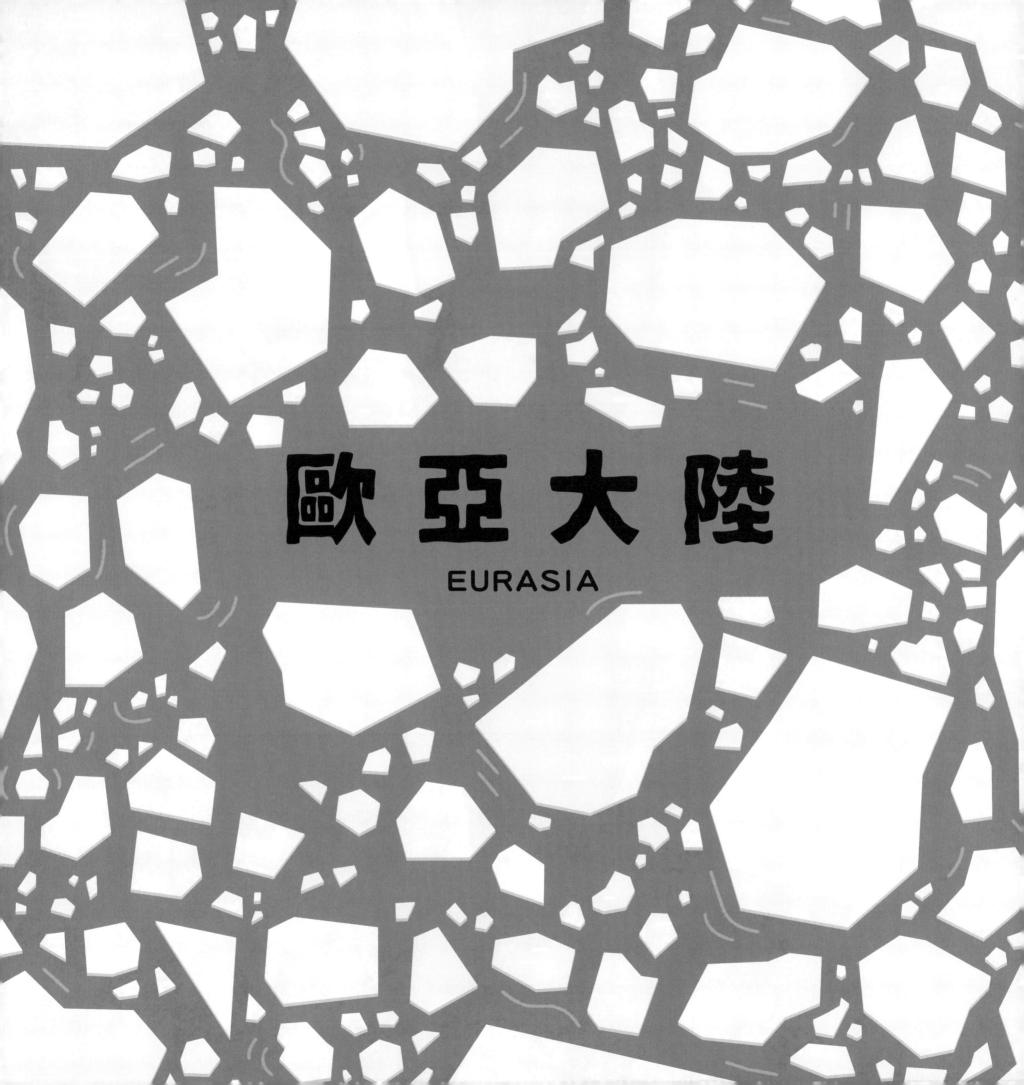

歐亞大陸
EURASIA

地懶生存術

大約1萬年前，將近90%的懶種都滅絕了，包括曾經在美洲活動的巨型地懶。小型地懶則勉強存活下來，散居在加勒比海的島嶼上，並在4千2百年前滅絕。今日住在樹上的懶種，像是三趾樹懶，就是僅存的懶。這些動作緩慢的動物體型遠比祖先小得多，你可以從這張按照比例畫成的圖看出來。

三趾樹懶

美洲大地懶

開動了

巨型地懶有30公分長的爪子，牠們會用嚇人的指甲從樹上扯下
葉子、挖起植物的根、抵擋掠食者。大地懶並不擅長挖掘潛穴
或隧道，可是科學家發現，牠的親戚在這方面就很拿手……

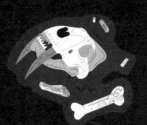

往地底深處去

有人在南美洲發現了動物挖出來的隧道，長達20公尺，等於7層樓的高
度。隧道裡的爪子痕跡可能來自大地懶在冰河時期的親戚——達爾文的
巨型地懶「磨齒獸」。這些巨大的潛穴可以保護牠們不受嚴寒
和掠食者所傷，雕齒獸等生物也會在潛穴裡避難。當動物遷
徙到北美洲，牠們面臨了嚴酷的氣候條件，而地底的藏身
處就是生存的關鍵。

均衡飲食

有些科學家說，
如果周圍沒有植物
可吃，巨型地懶也會吃
肉。牠們可能會用致命的
爪子來狩獵，或是把動物
嚇走，搶食牠們的獵物。

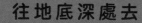

巨角鹿

冰河時期的巨鹿或巨角鹿（*Megaloceros*）有至少7種，牠們都是巨型的草食動物。其中體型最大，也最雄偉的，就屬大角鹿（*Megaloceros giganteus*）了。站立時，大角鹿肩膀離地2.1公尺。公大角鹿頭頂有一對巨大的角，寬度等於2個大人的身高！巨角鹿單單是頭上的角就重達45公斤，由強壯的脖子撐起。公鹿就像今日的鹿，每年春天頭上的角都會脫落，秋天重新長出，這時牠們會投入激烈、凶暴的爭鬥，贏得母鹿的芳心。

分布

巨角鹿不是麋鹿，而是今日紅鹿的近親，擁有像駝鹿一般的健壯身軀。愛爾蘭的泥沼裡出現不少保存良好的化石，可是我們知道，巨角鹿生活在歐洲各地和亞洲部分地區。12世紀的愛爾蘭神話曾經提過這種巨大的鹿，當時人們稱牠為「大鹿」，頭角比男人還高。

會說故事的長牙

猛獁象的長牙和樹木一樣都有年輪。冬季會長顏色較深的環圈，夏天則長顏色較淺的環圈。根據這些環圈，科學家可以辨識猛獁象的年齡、健康狀況，甚至是牠死去的季節。目前發現最長的猛獁象長牙來自哥倫比亞猛獁象，長4.8公尺——等同大白鯊的長度！此外，科學家也曾經挖出用猛獁象長牙製作的物品：一根4萬2千年前的猛獁象牙笛，這是目前發現最古老的樂器。

猛獁象牙笛

長毛犀

猛獁象大草原

猛獁象的大草原

這就是猛獁象大草原——一片遼闊的覓食地，從西歐的愛爾蘭，一路延伸到北美洲東部，今日紐約市的所在地。這片大草原上還有很多其他動物，像是長毛犀、野牛和大型貓科動物。

紐約

滅絕但未被遺忘

有很多原因導致猛獁象在1萬年前左右滅絕，包括氣候變遷和人類捕獵。不過有一小群矮猛獁在亞洲東北部的偏遠島嶼設法活了下來，直到大約4千年前，埃及金字塔建成之後才滅絕。雖說猛獁象已經絕種，但科學家認為可以用保存良好的遺骸DNA，讓牠們起死回生。

長距離好手

巨角鹿有2個優勢幫助牠們逃離掠食者——速度和體力。科學家說，這些像駝鹿的動物可以跑很長的距離，累壞有膽追捕牠們的掠食者。巨角鹿是群居型的草食者，成群移動和吃草，就像現代的鹿。巨角鹿可能會集體行動，趕跑四處覓食的狩獵者，保護自己脆弱的幼鹿。

古老的證據

歐洲各地的古代洞穴都畫有巨角鹿。這告訴我們，對當時的人類來說，這種動物是多麼重要的糧食來源。人類在冰河時期的祖先運用高明的捕獵策略，制服這些危險的鹿。當時的人會將巨角鹿趕進茂密的森林，由於這種鹿頭上的角太過寬大，鑽不過樹木之間的空隙，容易落入獵人手中。沒人知道巨角鹿滅絕的真正原因，不過牠們在西伯利亞一直存活到將近9千年前。

公大角鹿和幼鹿

乳齒象　矮猛獁

草原猛獁

猛 獁 象

冰河時期名氣最響亮的動物，是毛又長又密的大象，也就是猛獁象。真猛獁象（*Mammuthus primigenius*）肩膀離地3.6公尺，體重達6噸，跟一些親戚相比，算不上巨大。草原猛獁象可以長到4.5公尺高，重達12噸，等於是暴龍的2倍。在量尺的另一端，則是跟綿羊一樣大的矮種。猛獁象可說是最有條件在天寒地凍的冰河時期生活的動物。

毛皮層

巨大的臼齒

嚼啊嚼

猛獁象的牙齒是大象裡演化得最完全的。牠們扁平的大臼齒有隆起的構造，可以用來碾磨纖維較粗的植物。猛獁象一輩子會換6次牙，舊牙齒磨損過度時，就會長出更大更好的來取代。猛獁象可能會用彎曲的大長牙去清理積雪，找出下頭可口的綠色植物。

超大胃口

猛獁象有跟柱子一樣粗壯的腿部來支撐笨重食，就跟現代大象差不多。牠們主要吃草比一頭成年獅子還重！

大腦vs蠻力

尼安德塔人屬於人科動物。人科動物包括我們智人，以及在我們之前、比較像是人猿的親戚。尼安德塔人的頭部發展得很完整，有大大的眼窩、突出的眉脊以及大得驚人的腦袋。出乎意料的是，平均來說，尼安德塔人的大腦比現代人類還大。不過也有研究顯示，尼安德塔人的大腦有很多部分是用來控制身體和視力。這對尼安德塔人來說是種優勢，讓他們可以在冰河時期的極冷氣候裡，從艱難的情勢中存活下來。

尼安德塔人消失了嗎？

大約4萬年前，尼安德塔人消失了。為什麼？大約在5萬年前，尼安德塔人在歐亞大陸遇到了現代人類。也許現代人類搶走了他們的糧食和其他資源，甚至主動攻擊他們。不過在某些案例中，雙方攜手合作、共組家庭。我們之所以知道這點，是因為現代人類身上平均有1-3%的尼安德塔基因（也就是DNA）。除此之外，當時的氣候逐漸變暖，而尼安德塔人最適合活在冰河時期的極冷天氣。

大狩獵

包括洞穴壁畫和化石骨骸在內，有許多證據顯示，尼安德塔人會捕獵冰河時期的巨型動物，像是猛獁象、長毛犀和巨角鹿。為了擊倒這樣強壯又巨大的獵物，尼安德塔人會集結起來，使用岩石和長矛等武器，進行有計畫的攻擊。

一項大發現

2012年，俄羅斯北部一個名叫沙林德的小男孩帶狗出門散步，湊巧發現一個不尋常的東西……

尼安德塔人

尼安德塔人（*Homo neanderthalensis*）是我們現代人類（智人，*Homo sapiens*）關係最近的親戚。尼安德塔人在40多萬年前開始演化，足跡橫跨歐亞大陸，一小群、一小群住在一起，散布各地，常常住在洞穴當中。許多尼安德塔人的化石骨骸都出現在洞穴裡。研究報告和一些早期出土的簡單工具顯示，尼安德塔人講一種原始的語言。這讓人以為尼安德塔人是頭腦簡單、亂揮棍棒的野蠻人。不過，我們現在已經知道，他們是智商很高、擁有技能的人種。

火

武器

自然療法

製造工藝品的工具

獨木舟

一帆風順

有些科學家説，尼安德塔人在10萬年行——比人類早5萬年進入海洋。

尼安德塔人的身體特色

「尼安德塔」這個名字來自德國的尼安德谷，那裡的採石場工人在1856年發現了像熊一樣的骨骸。後來，科學家證實，那其實是人類的古代親戚。在那之後，有更多骨骸和工具在這個地點出土。我們可以從各地的發現推斷，尼安德塔人站起來的時候，比現代人類矮，可是體型壯實得多。他們的胸腔很寬、骨盆外擴、腿短、肩寬。

依賴土地生活

尼安德塔人的飲食和我們相似，都受到居住地點和能夠到手的糧食影響。住在冰河時期猛獁象大草原的尼安德塔人，獵來了不少肉類。住在歐洲西南地區的人則靠森林苔蘚、松果和野菇過活。有些化石顯示，尼安德塔人還會互吃！不過，這可能是入葬儀式的一部分，而不是出於飢餓。

體格結實

眉脊突出

尼安德塔人

骨盆外擴

膝蓋骨大

手腳健壯

這張比較圖呈現了尼安德塔人和智人的差異。

額頭平扁

身高較高

智人

體格修長

臀部較窄

四肢細長

巨熊

洞熊（*Ursus spelaeus*）是冰河時期住在歐洲大半地區以及西亞的一種穴居熊。嚇人的公熊站起來可以高達3公尺，體重可達500公斤。母熊則小得多，體重只有雄性的一半。洞熊主要靠植物、種籽、莓果和蜂蜜過活，可是偶爾也會獵殺小型哺乳類，或是吃死去同類的腐肉。

尋覓避風港

經過一天在外蒐集果實、突襲昆蟲巢穴以後，這些獨來獨往的熊會回到安全的洞穴。冰河時期的寒冬快要到來的時候，牠們會往隧道的更深處走，尋求保護並開始冬眠，現代的某些熊也會這樣。這場深眠幫助洞熊保存能量，從食物稀少的時期存活下來。不過就算是躲在隧道深處，也不是百分之百安全。有一種來勢洶洶的掠食者會在黑茫茫的洞穴深處偷偷摸摸地走，獵捕這些睡眠中的巨獸。

洞熊

連骨帶肉喀啦喀啦

洞鬣狗比現今的非洲鬣狗還大，仰仗體型而占盡優勢。牠們會捕獵大型草食動物，像是巨角鹿和長毛犀，連揮動長矛的人類有時也在牠們的菜單上！洞鬣狗成群行動，可以一口咬碎骨頭。這些身上有斑點的食腐動物會嚇跑尼安德塔人和狼，保護好不容易到手的食物。洞鬣狗會把獵物拖回巢穴，跟其他洞鬣狗分享，在安全的庇護所進食。

一畫勝千言

古代人類在世界上的很多地方都留下了洞穴壁畫。這些圖畫幫助科學家更了解人類和冰河動物的關係。隨著人口快速增長，人類占據越來越多的洞穴，使其他生物找不到可以躲藏的地方。雖然這不是這些動物滅絕的全部原因，但多少底定了牠們的命運。洞熊在2萬年前滅絕，大部分的穴獅則在1萬5千年前消失，洞鬣狗則在1萬年前絕種。

鬼鬼祟祟的掠食者

穴獅之所以叫這個名字，是因為科學家在歐亞大陸的洞穴裡找到不少這種動物的遺骸，可是其實穴獅也住在森林和草原。這些掠食者以冬眠中的洞熊寶寶為食，趁成年洞熊睡覺的時候，偷走牠們的寶寶。這一餐聽起來很容易就能到手，但是從洞穴裡找到的穴獅骨骸數量來看，我們可以推想，這些大貓不見得都有很好的下場！

其他洞穴生物

科學家探索了全世界的洞穴，找到許多更新世動物的骨骸，像是地懶、狼、豹、猛獁象、犰狳，甚至是史前龜！在印尼的蘇拉威西島上，科學家在4萬年前的洞穴裡，發現了手印畫和動物的圖案。

穴居者

歐亞大陸的陰暗洞穴裡曾經住了很多嚇人的野獸，野獸會和人類在冰河時期的親戚相互爭奪避風港，因為這些現成的洞穴能夠提供庇護，抵擋極端天氣和來勢洶洶的掠食者，而且還能當做冬眠動物的睡房。人們曾經在這些洞穴裡發現上百副保存良好的化石和工藝品，讓我們更認識曾經棲居在這些洞穴裡的史前生物。

澳大拉西

AUSTRALASIA

澳洲的有袋動物種類繁多,從左到右分別是:無尾熊、樹袋鼠、袋食蟻獸和刷尾袋貂。

巨袋熊

巨袋熊(*Diprotodon*)是有史以來最大的有袋動物。從頭到尾總長3公尺,重達3千公斤,是今日最大型的有袋動物——紅袋鼠——的30多倍!有袋動物是一種主要出現在澳洲的哺乳類,身上有育兒袋。牠們的特色是肚子上一片像袋子的皮膚,小寶寶出生後的頭幾個月就住在裡頭。有袋寶寶出生時,渾身無毛,看不見也聽不見,一出生就憑本能爬進母親安全舒適的袋囊裡。巨袋熊的袋囊面向後方,免得母親在地裡覓食或挖掘時,有沙塵跑進去。

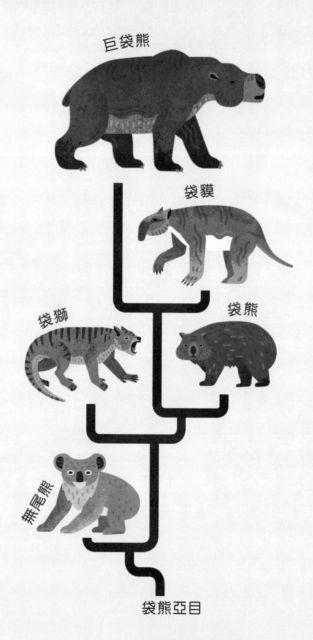

巨袋熊

袋獏

袋獅

袋熊

無尾熊

袋熊亞目

族譜

今日在澳洲有200多種有袋動物,像是袋鼠、無尾熊和袋貂。巨袋熊屬於「袋熊亞目」,其中也包括可怕的袋獅以及和馬一樣大的袋獏。依照這群動物的演化族譜,袋熊和無尾熊是這些有袋巨型動物目前存活在世、關係最近的親戚。

掠食者的大餐

有些科學家相信,巨袋熊過著群居生活,不過這種說法沒有定論。袋獅等澳洲掠食者會捕獵體型較小的母熊和幼熊,成年公熊單是體型就讓牠們顯得強悍無比,但要擊倒也並非不可能。巨型爬蟲類也可能會獵殺體型最大的巨袋熊。

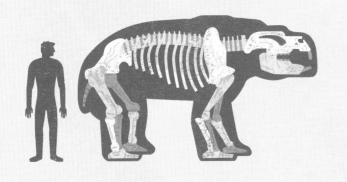

走又長又遠的路

巨袋熊在澳洲各地生活，為了尋找植被在平原上四處遊走。估計一天會吃150公斤的灌木和水果，食量大概跟大象相當！巨袋熊會像馬一樣，用大大的前齒摘取植物，還會用拳頭大小的臼齒來碾磨。巨袋熊在尋找覓食地的時候，偶爾會被困在軟爛的泥漿湖裡，淒慘地死去。科學家曾經在澳洲南部的卡拉波納湖挖出上百副巨袋熊化石，這些化石在泥濘沉積物裡保存得相當完整。

火耕法

最早的人類（當今原住民的祖先）大約在5萬多年前抵達澳洲。他們不僅發現了許多不尋常的野生動植物，也經常捕獵袋熊等動物——輕輕鬆鬆就能飽餐一頓。他們還引進了火耕法，也就是放火燒林地，清出一條路，趕跑動物，以便耕種更多糧食作物。人類獵捕巨袋熊，並摧毀他們的棲息地，加上嚴重的乾旱，慢慢迫使巨袋熊在2萬5千年前滅絕。

巨齒蜥

最後一次冰河期，有不少嚇人的爬蟲類住在澳洲，不過有一種比其他都還要致命。巨齒蜥（*Megalania*）有巨大的爪、尖銳的牙和盔甲似的鱗片，將澳洲的林地當成自己的狩獵場。把巨齒蜥拿來跟鱷魚等目前還活著的類似爬蟲類比較，我們可以推知巨齒蜥能夠擊倒比自己重10倍的動物，不過可能得仰賴伏擊，因為牠就算全速奔跑，速度還是相當慢。

最大的蜥蜴

巨齒蜥（*Megalania prisca*）獲頒為最大型的陸上蜥蜴，身長可達7公尺，等於是科摩多巨蜥的2倍！

毒液會從下排牙齒下方的腺體滲出來

致命一咬

科學家相信，這些極度危險的蜥蜴唾液有毒，就像牠們今日的親戚科摩多巨蜥，這表示牠們一口就能置對手於死地。巨齒蜥還有強勁的尾巴、巨大的腳爪和鋸齒狀的牙齒，可以一口咬穿大型哺乳類、爬蟲類等其他獵物。

叉。這些體型超大
蜥一樣。牠們會像
部的特殊器官來嘗
的氣味，告訴蜥蜴

盔甲似的皮膚

巨齒蜥的某些身體部位長了
骨質外皮，也就是有骨板的
鱗片。因為這樣，牠們的皮
膚無比堅韌，就像古代騎士
身上穿的鎖鏈盔甲！

有小骨板（灰色部分）的骨質外皮

巨齒蜥寶寶破殼而出

非比尋常的蛋

科摩多巨蜥有一項驚人的本領：雌巨蜥可以不跟雄巨蜥接觸，就生下蛋並孵出幼
獸。有些科學家認為，巨齒蜥也有同樣的能力。這就表示，數量稀少的科摩多巨
蜥只要有一些些雌獸，就能存活下來。這個能力也讓巨齒蜥能以一小群、一小群
的狀態生存，即使每一群只有幾隻也沒關係。不過有個問題是，用這種方式孵出
來的蜥蜴寶寶幾乎都是公的。

又出現了！？

直到近年，仍有人聲稱目擊了巨型蜥蜴在澳洲出沒，説牠偶爾出現，吞吃農場動
物。目前沒有具體證據顯示巨齒蜥還存在於世上，可是有人相信，也許在遼闊的
澳洲內陸或偏遠的印尼島嶼上還有幾隻活著……

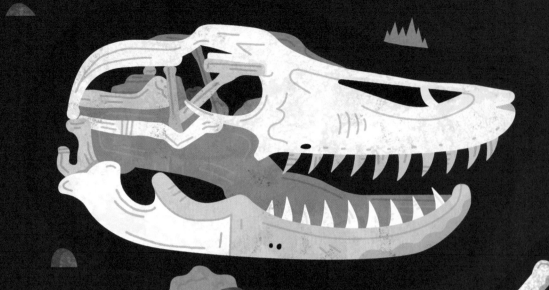

爬蟲類巨獸

冰河時期，巨齒蜥的生活周遭有不少爬蟲類，包括6公尺長的金卡納鱷魚、潛伏在飲水坑裡的巨蛇，以及頭上長角、尾巴有刺、怪模怪樣、類似雕齒獸的龜。

罕見的遺骸

巨齒蜥的遺骸非常罕見，已經出土的部位包括脊椎骨、單顆牙齒、下顎和四肢。可是科學家還沒找到完整的骨骸，這表示我們還有很多不知道的事。科學家推算骨骸的歲數，估計巨齒蜥滅絕的時間大約是5萬至4萬年前，也就是氣候變遷和牠們賴以為生的動物開始消失的時候。

袋獅

這些史前掠食者其實不算是獅子物。比起大貓，袋獅和無尾熊鼠，而最大的袋獅科動長約1.5公尺，體超級肉食動物牠們的

種肉食比如垂出擊，一

袋獅的牙齒可以戳刺，也可以撕扯

袋獅媽媽趕走幾乎成年的後代

嚴厲的愛

這種食物鏈頂端的肉食動物是爬樹專家，不過主要還是在地面上狩獵。袋獅和今日大部分的大型貓科動物一樣，都是獨來獨往的動物。當母袋獅有幼子的時候，牠們會住在洞穴裡。袋獅媽媽會守護幼獸免於掠食者攻擊，並教導小袋獅怎麼攀爬岩壁。袋獅媽媽跟其他有袋動物一樣，都有個袋囊可以裝載、餵養幼獸。等幼獸能夠保護自己時，母獸就會把牠們趕走，好再找一位配偶，生下更多幼獸。

無家可歸

那麼，既然這種掠食者這麼了不起，為什麼會滅絕呢？在冰河時期，世界的北方先是遭遇冰河的大舉擴張，接著又碰上大融冰。南邊澳洲所受的影響比較小。不過，隨著環境變得更溫暖、更多樣，一般來說也更乾燥，氣候變遷就影響到這片土地了。還有，新到來的人類可能也會獵捕袋獅賴以為生的動物。火耕法的引進可能是另一個原因。這些凶猛的掠食者找不到食物，也無處為家，在4萬年前左右完全消失。

恐 鳥

根據毛利人的傳說，紐西蘭曾經有無法飛行的巨鳥在森林裡活動。這些鳥就是「恐鳥」。恐鳥一共有十多種，留存下來的羽毛顯示他們有各式各樣的顏色。體型最大的母恐鳥站起來有3.6公尺高，體重相當於2隻鴕鳥！恐鳥有長長的脖子，而且跟鴕鳥一樣會把腦袋湊近地面，尋找低矮的植物。這些大鳥也相當警覺，他們會伸長脖子留意他們（在人類到來以前）唯一的掠食者──哈斯特巨鷹。

叢恐鳥

南島恐鳥

北島恐鳥

哈斯特巨鷹

海岸恐鳥

高地恐鳥

恐鳥蛋

東部恐鳥

高地恐鳥的腳

完美的父母

母恐鳥比公恐鳥大得多，體重也是雄性的2倍。科學家認為，鳥媽媽下了蛋之後，鳥爸爸會在鳥媽媽出門覓食時負責顧蛋。蛋殼化石顯示，恐鳥蛋的蛋殼太薄，承受不了母恐鳥的體重。恐鳥覓食時，會吃細枝、莓果、樹葉，偶爾還有尖銳的岩石和寶石。這些石頭叫做「砂囊石」，會留在鳥類胃部叫「砂囊」的部位。食物會在砂囊裡被壓成漿狀，這在鳥類裡很常見，因為他們沒有牙齒可以磨碎食物。

特別的發現

1986年，科學家在探索紐西蘭南島的陰暗洞穴時，意外有了驚人的發現──千年前高地恐鳥的腳，腳上的鱗片、爪子和肉都還在！

再大都吃得下去

哈斯特巨鷹（*Harpagornis moorei*）是有史以來最大的鷹，體重可達15公斤，是虎頭海鵰（當今體重最重的鷹）的整整2倍。哈斯特巨鷹曾經是紐西蘭食物鏈頂端的掠食者，鳥爪跟虎爪一樣大，可以刺穿骨頭，短翅讓牠可以在濃密的森林裡飛行，此外還有寬大的嘴喙。這種英勇的肉食猛禽會獵殺體型比自己大10倍的強壯恐鳥。

哈斯特巨鷹撲襲恐鳥

致命的撲襲

一般認為，這些可怕的猛禽會用高達80公里的時速往下撲襲，將恐鳥擊倒在地。科學家發現很多恐鳥的骨骸上有孔洞，正巧和哈斯特巨鷹的鳥爪相符。

一石二鳥

人類在13世紀初次來到紐西蘭。他們獵捕恐鳥當食物，摧毀恐鳥的棲息地，還帶來會吃恐鳥蛋的動物。到了13世紀末，恐鳥全都消失了，而在沒獵物可吃的狀況下，哈斯特巨鷹不久也跟著落入同樣的命運。

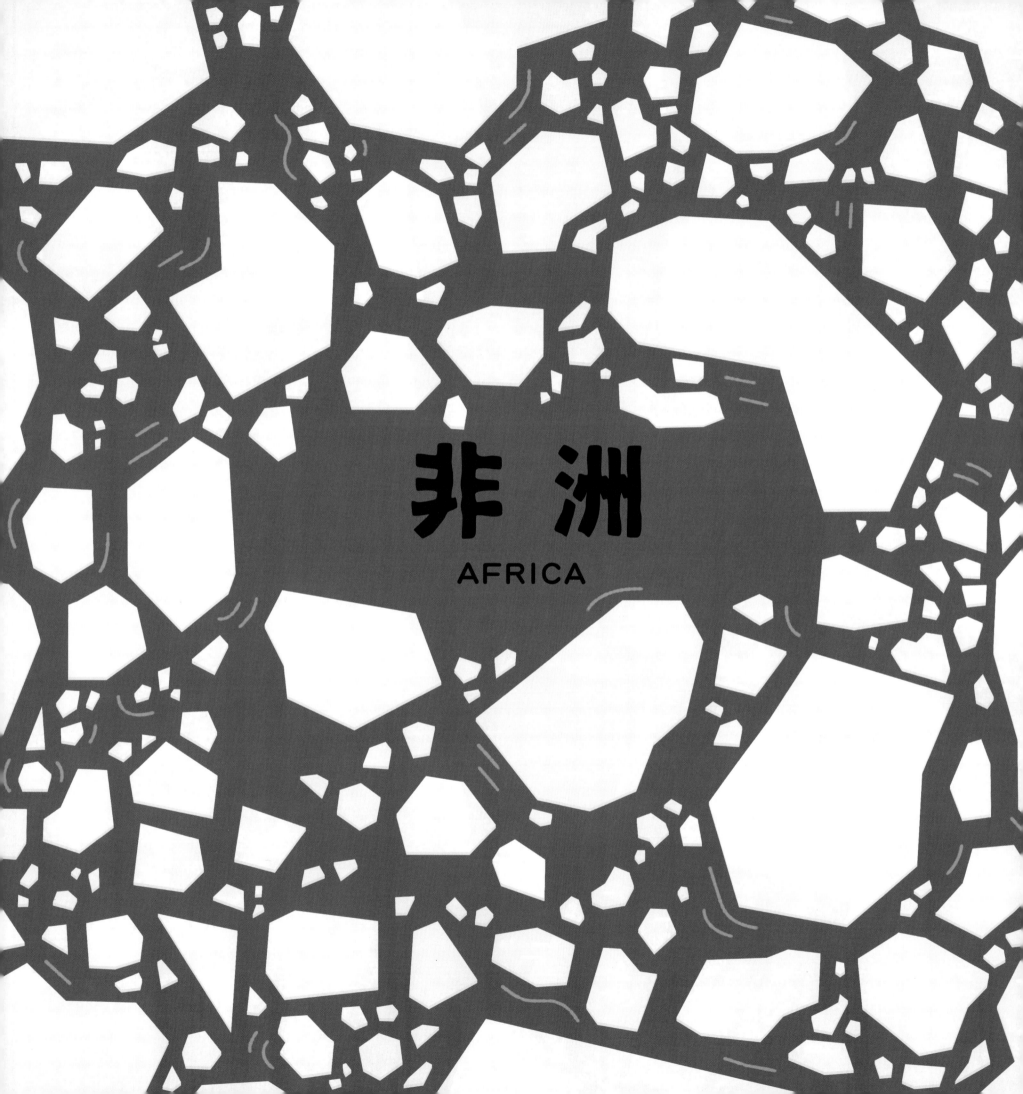

非 洲
AFRICA

早期人類

現今活著的人都屬於現代人類，或稱為「智人」。如果要談論我們的起源，就必須回溯過去。100萬年前左右，直立人、海德堡人等較早的人種住在非洲、亞洲和歐洲。大約50萬年前，有些亞洲的早期人類演化成丹尼索瓦人，而歐洲的其他早期人類則變成吃苦耐勞的尼安德塔人。最早的現代人種則出現在非洲，後來稱霸並形塑了全世界。

古代的親戚

2017年，科學家在北非發現了現今所知最早的現代人類化石。這個發現將智人的起源回推到30萬年前——比科學家原本想的還要早10萬年，這也表示人類曾經在更新世的冰河時期生活。這個不可思議的發現有助於我們了解自己的起源，不過也挑起了更多新的疑問。

人類棲息地

在冰河時期，大冰河並沒有擴張到非洲，這裡也沒有漫長的冬季。不過非洲確實經歷過幾次氣候的暖化和降溫，有些時候變得非常乾燥。科學家認為，不斷變化的氣候把非洲大半地區變成乾燥的沙漠。早期的現代人類只能在有植被和動物的小小區域裡生存。不過，現在的化石顯示，非洲很多地區都有現代人類的蹤跡。

腦袋靈光的好處

最早的現代人類演化出比早期人類更削瘦的四肢和更輕盈的骨架。頭骨也有劇烈的變化，眉脊沒那麼突出、額頭更扁平，腦子也更大。這顆腦袋是讓我們變得獨特的關鍵，它讓最早的現代人類興旺起來，學會製造新工具，並成為第一個擴散到全世界的人種。

尖端科技

隨著現代人類持續擴散、演化，他們製造出前所未見的複雜工具和武器。在語言的輔助下，他們也擁有越來越多的知識。知識和語言讓人類能夠溝通，並且成群狩獵，以各種動物為食。人們也發展出更多種類的藝術——他們把煤炭和赭石（紅黏土）做成顏料，創作洞窟壁畫，並製作飾品。

我們的旅程

我們現代人類的祖先幸運從更新世的冰河時期存活下來。過去50萬年，他們不斷離開非洲、往外遷移，最近一次不過是7萬年前的事。在這些旅程途中，他們遇到尼安德塔人、丹尼索瓦人，也許還有別的人科動物。他們與其中一些共組家庭，不過繼續以智人的身分擴散至世界各地。

只要在一個地區遇到大型獸類，他們就會製作更複雜的武器和工具，以便捕獵體型較大的獵物、除掉巨大的掠食動物。這些早期探索者在5萬年前抵達澳洲，後來一路往南美洲前進，在1萬5千年前左右越過亞洲和阿拉斯加之間的陸橋，完成我們遍及全世界的擴張行動，可是這場旅程並未就此結束……

現代大型獸群

非洲是目前地球上唯一能找到各種體型接近冰河時期大型獸群的大陸。那些倖存下來的大型動物依然在非洲大草原上四處活動，大象、河馬、犀牛和長頸鹿僅僅是其中幾個。這些動物在我們眼中也許很大，可是我們知道，牠們在冰河時期的親戚體型還要更大。

綠草如茵

大約1萬年前,我們的祖先學會了豢養動
物以及栽種作物,人類數量因此快速增
加。他們也開始在固定的地點住下來,花
更多時間耕作,不再那麼常打獵。

澳大拉西亞

57

今日，人類活動影響了環境和氣候，使得很多動物難以生存。

世界各地的探險家

幾十萬年以來，從穴居人到在海上活動的維京人和海盜，人類探險家的足跡遍布各地，住在南極洲之外的所有大陸上。到了今天，甚至還有人住在外太空，把繞著地球轉的國際太空站當做是自己的家。因為有你，和所有活在世界上的人，我們的故事還會繼續下去。

化石和複製

世界各地至今依然有新的化石出土，讓我們更認識過去。有了木乃伊化的恐鳥、結凍的猛瑪象遺骸，還有牠們留下的基因物質，也許有一天科學家能夠透過複製和「滅絕物種復興」等過程，讓這些史前的奇妙生物起死回生。

瀕臨絕種的動物

冰河時期大部分的生物都已經絕種,但現今也有些動物面臨消失的危機,這些動物統稱為「瀕危物種」。瀕危物種之所以受到威脅,有些原因跟史前大型獸群面臨的問題相同,包括氣候變遷(導致海平面上升、水溫越來越高)、森林砍伐(摧毀棲息地和食物來源)、狩獵(使得物種數量變得更少)。今日瀕臨絕種的動物有上千種,像是:

科摩多巨蜥

穿山甲

玳瑁龜

小貓熊

黑鮪魚

金剛猩猩

大象

紅毛猩猩

老虎

絕處逢生

幸虧有保育人士孜孜不倦的努力,最近陸續傳來好消息。2016年,老虎數量百年來頭一次增加,大貓熊也是50年來頭一次脫離瀕危名單。這證明了我們確實可以保護這個星球上的神奇動物,並且做出一番成績。

詞 彙 表

1-5畫

人科動物：所有從大型人猿演化而成的人類和人類的早期親族。

大型獸群：身軀重達40公斤以上的超大型動物。

丹尼索瓦人：冰河時期的人種，最初出現在希伯利亞，現已滅絕。

化石：動植物等生物的遺骸，通常保存在岩石裡。

木乃伊化：藉由乾燥來保存軀體。冰河時期常有動物在死去後，被凍在土地中。

水生：永遠或大多時間在水裡生活。

犬齒：尖尖的長牙，位在哺乳動物的門齒和前臼齒之間。肉食動物的犬齒往往比較大，吃肉才方便。

世：由重大變遷或事件所標示出來的特定時期。

古代：遙遠的過去，通常指羅馬帝國滅亡之前。

可回縮：可以收回。比方說，貓咪可以縮回爪子。

尼安德塔人：吃苦耐勞但已經滅絕的人種，從最近幾次冰河期存活下來。

平原：相當平坦的廣闊土地，通常長了草或低矮植物，很少或完全沒有樹木。

6-10畫

伏擊：從躲藏的地方出奇不意發動攻擊。

冰河：大面積的冰，通常以極度緩慢的速度移動，就像流速緩慢的冰凍河流。

有袋動物：通常有袋囊可以保護和餵食幼獸的一種哺乳動物。

肉食動物：以其他動物為食的動物。老虎、獅子和狼都是肉食動物。

臼齒：用來碾磨食物的牙齒，位於動物嘴巴後側。

更新世：260萬到1萬1千7百年前。

囤糧：食物的集合，藏起來供以後使用。

爬蟲類：有脊骨、冷血、大多會產卵的動物，有帶鱗的皮膚，像是鱷魚。

物種：關係緊密、性質類似的生物，可以繁殖後代。

肺結核：可能導致死亡的嚴重細菌性疾病。

門齒：扁平、邊緣平整的牙齒，適用於切割，用來吃植物也很方便。

南北美洲生物大遷徙：南北美洲在300萬年前由陸橋連接起來時，陸生動物和植物在兩大洲之間的遷徙。

砂囊石：動物為了把胃裡的食物磨成黏漿而吞到肚子裡的石頭。

背甲：陸龜、螃蟹等動物身上堅硬的外層防護物。

食腐動物：這種生物吃不是自己獵殺的動物。

氣候：一個區域或某個期間長期的平均天氣狀況。

海德堡人：現已滅絕的人種，可能是現代人類的祖先。

神話：屬於特定宗教信仰或文化的一套故事。

草食動物：只吃植物的動物。大象和長頸鹿就是草食動物。

骨質外皮：鱷魚等動物皮膚上的骨質板。

11畫以上

偏遠：遠離全世界其他地方的隱密地點，或是隔絕開來的地方。

啃牧：以各種長得較高的植物為食，包括水果、細枝、樹葉和灌木。

帶毒性的：指本身有毒，或帶有毒液，可能導致其他動物死亡或受傷。

掠食者：捕獵、殺害其他動物作為糧食的動物，比方說獅子或鯊魚。

智人：唯一還活著的人種，今日所有的人都屬於智人。

植被：某個特定區域裡的樹木、花卉、草和其他植物。

絕種：不再有成員存活的動物或植物，像是猛獁象。

超級肉食動物：通常是食物鏈頂端的掠食者，幾乎只吃肉類。

滑距獸：已經滅絕的南美洲有蹄哺乳動物，有1根或3根腳趾。

飾品：除了美觀之外，沒有實際用途的裝飾物件。

潛穴：動物挖出來的隧道，通常作為居住或藏身的地方。

適應：為了更適合環境和其他條件而有了改變或調整。

遷徙：動物依據季節變化長距離移動，或是搬往新天地。

齒質：構成大象、海象等動物獠牙的物質。

器官：發揮重要功能的身體部位，像是心臟。

興旺：動物或植物生長得很好，健康又順利。

頭角：通常指鹿或其他動物頭頂長出的枝狀結構。

獵物：遭到獵捕的動物，被其他動物捕捉並殺害作為食物，像是兔子或鹿。

雜食動物：以植物和其他動物為食的動物。

瀕危物種：面臨絕種風險的物種，像是北極熊。

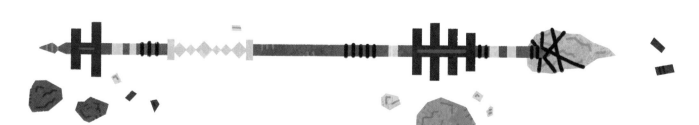

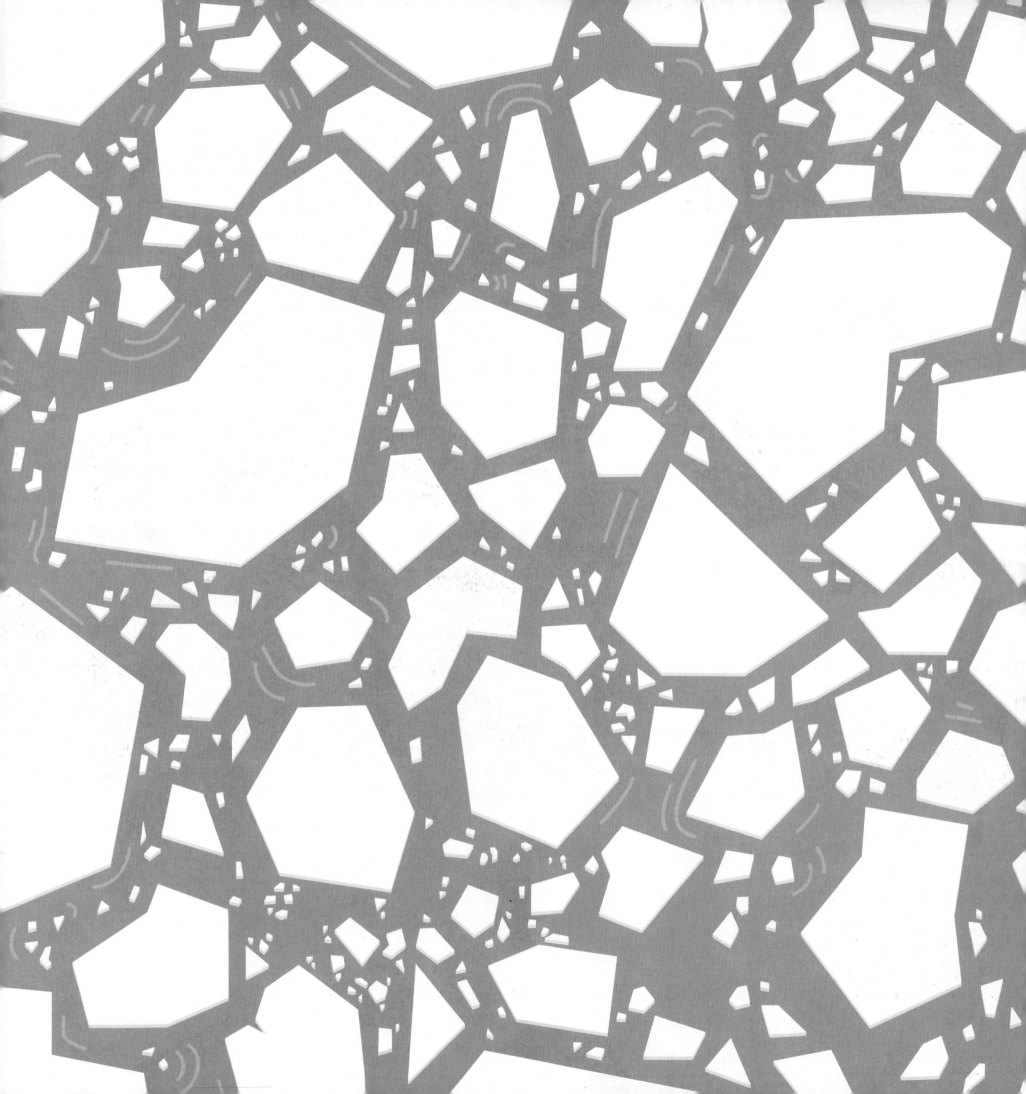